思維遊戲大挑戰

強納森・立頓　著
森・勒杜揚　圖

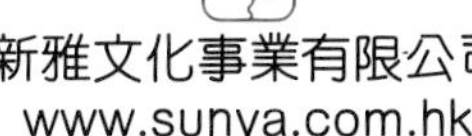

新雅文化事業有限公司
www.sunya.com.hk

思維遊戲大挑戰

數學闖關遊戲 3 迷失四維空間

作　　者：強納森・立頓（Jonathan Litton）
繪　　圖：森・勒杜揚（Sam LeDoyen）
翻　　譯：羅睿琪
責任編輯：陳志倩
美術設計：蔡學彰
出　　版：新雅文化事業有限公司
香港英皇道 499 號北角工業大廈 18 樓
電話：（852）2138 7998
傳真：（852）2597 4003
網址：http://www.sunya.com.hk
電郵：marketing@sunya.com.hk
發　　行：香港聯合書刊物流有限公司
香港新界大埔汀麗路 36 號
中華商務印刷大廈 3 字樓
電話：（852）2150 2100
傳真：（852）2407 3062
電郵：info@suplogistics.com.hk
印　　刷：中華商務彩色印刷有限公司
香港新界大埔汀麗路36號
版　　次：二〇一九年九月初版

ISBN: 978-962-08-7357-7

Original title: Maths Quest: Lost in the Fourth Dimension
First published in 2017 by QED Publishing
an imprint of The Quarto Group

18/F, North Point Industrial Building,
499 King's Road, Hong Kong
Published and printed in Hong Kong

冒險指南

你喜歡挑戰需要動腦筋的任務，破解各種謎題與難關嗎？那麼這本書絕對是為你而設！

《迷失四維空間》會帶你進入緊張刺激的旅程，因為你會成為故事中的主角。這本書並不像普通圖書般要按照頁碼順序來閱讀，你需要根據提示翻揭書頁，解答書中的難題以尋找出路，直至冒險旅程圓滿結束。

本書的故事由第4頁開始，每一頁都會有指示告訴你接下來應該翻到哪一頁，不過每個挑戰都會有多個答案選項，就像以下這個例子：

A 如果你認為正確答案是A，請翻到第23頁。

B 如果你認為正確答案是B，請翻到第11頁。

每個答案選項旁邊都有自己的圖示。你選出答案後，便可翻到相應的頁數，找出代表那個答案的圖示，看看自己是否答對。

即使答錯了也不用擔心，你會得到額外的提示，返回之前的頁數便可再次挑戰。

《迷失四維空間》中的謎題與難關全都與面積和量度有關，要成功破解的話，記得準備好你的數學技能啊！

本書附有相關數學概念的詞彙表來幫助你完成挑戰，你可以翻到第44頁至第47頁查看。

迷失四維空間
你正身處太空，當你乘坐的太空船穿越蟲洞之際，突如其來的一道閃光將你喚醒了！
一陣噼啪聲與砰的一聲後，太空船的引擎停止運作。你不知道自己身在何方，也不知道怎樣才能回家……
咻咻！
為了安全返回地球，你需要迅速思考，隨機應變。請翻到第19頁展開你的冒險之旅吧！

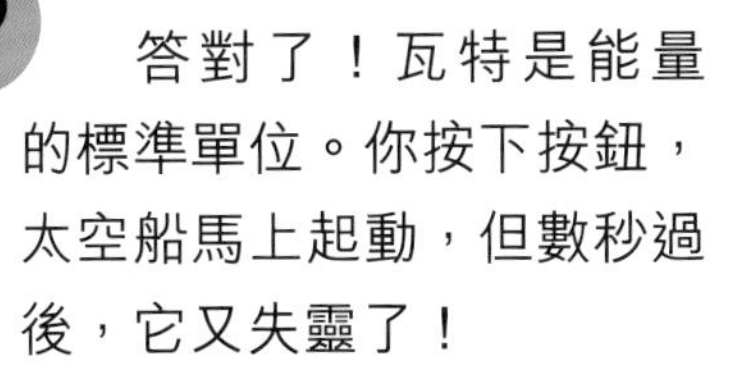

答對了！瓦特是能量的標準單位。你按下按鈕，太空船馬上起動，但數秒過後，它又失靈了！

糟了！你需要從油站取得燃油以重新啟動太空船，可是你的錢都用光了。

你向油站老闆說明你的困境，他提議你和他打個賭……

他問：以下大多是長度的量度單位，只有一個是例外的，哪一個是與別不同的單位？

百萬米
請翻到第19頁。

鏈 (chain)
請翻到第39頁。

立方米 (cubic metre)
請翻到第10頁的下方。

7 不對！5公升 × 7 = 35公升。請返回第10頁再試一次。 D

答錯了！這時間是4小時30分鐘後。請返回第39頁重新嘗試。

沒錯！324 × 2 = 648。傳送門打開了，你邁步跨進去。
A
外星生物A
請翻到第10頁。
你來到了一個充滿外星生物的地方，牠們的外形大小各不相同——大部分看起來相當兇猛！你馬上查看地圖尋找提示。
12隻腳掌高的野獸，值得信任。
別管其他野獸——切勿走近！
請你利用外星生物的其中一隻腳掌長度作為基本單位（base unit），逐一量度每隻外星生物的高度。祝你好運！
B
外星生物B
請翻到第38頁。

你要在被發現之前，量度每隻外星生物的高度。哪一隻外星生物是12隻腳掌高？

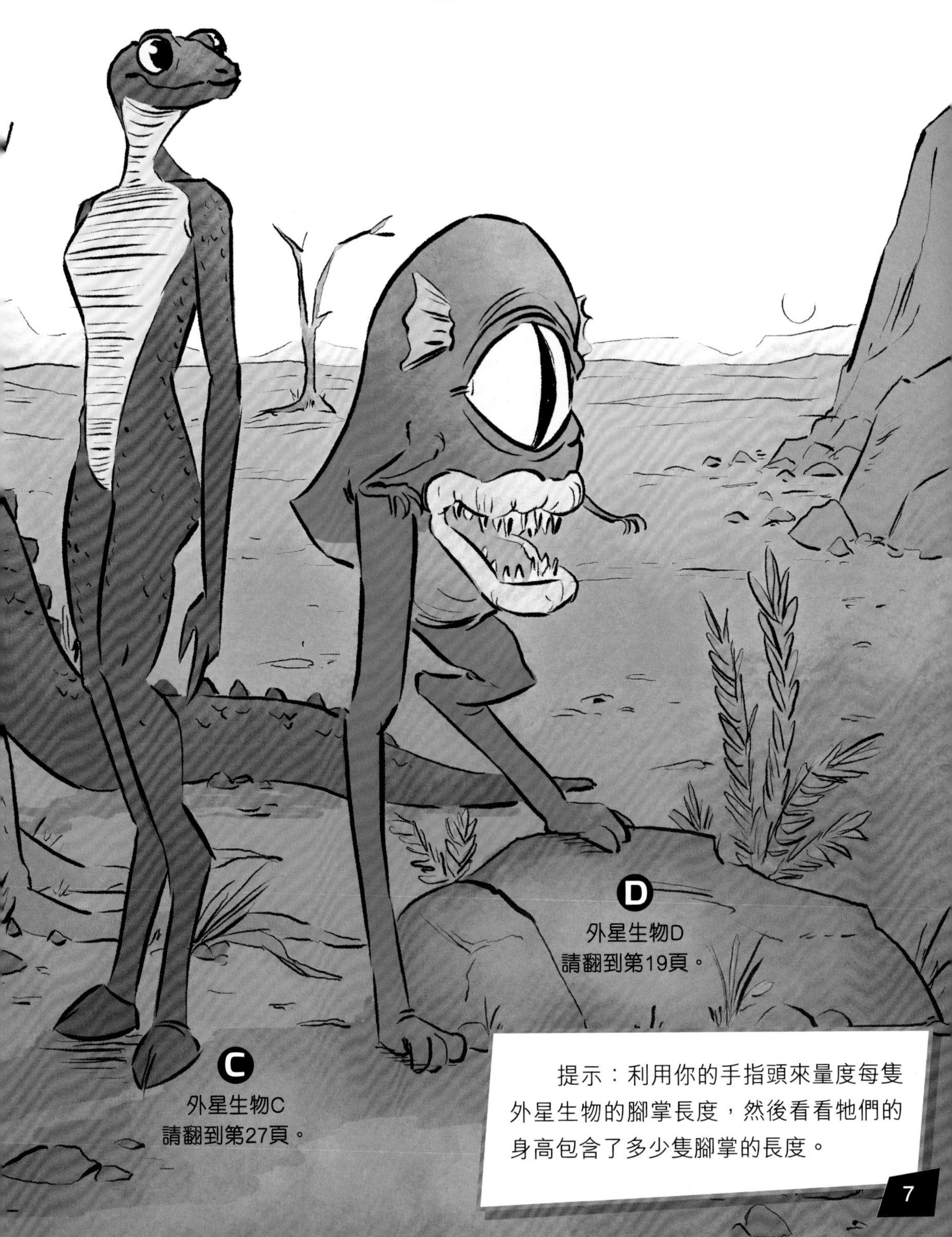

提示：利用你的手指頭來量度每隻外星生物的腳掌長度，然後看看牠們的身高包含了多少隻腳掌的長度。

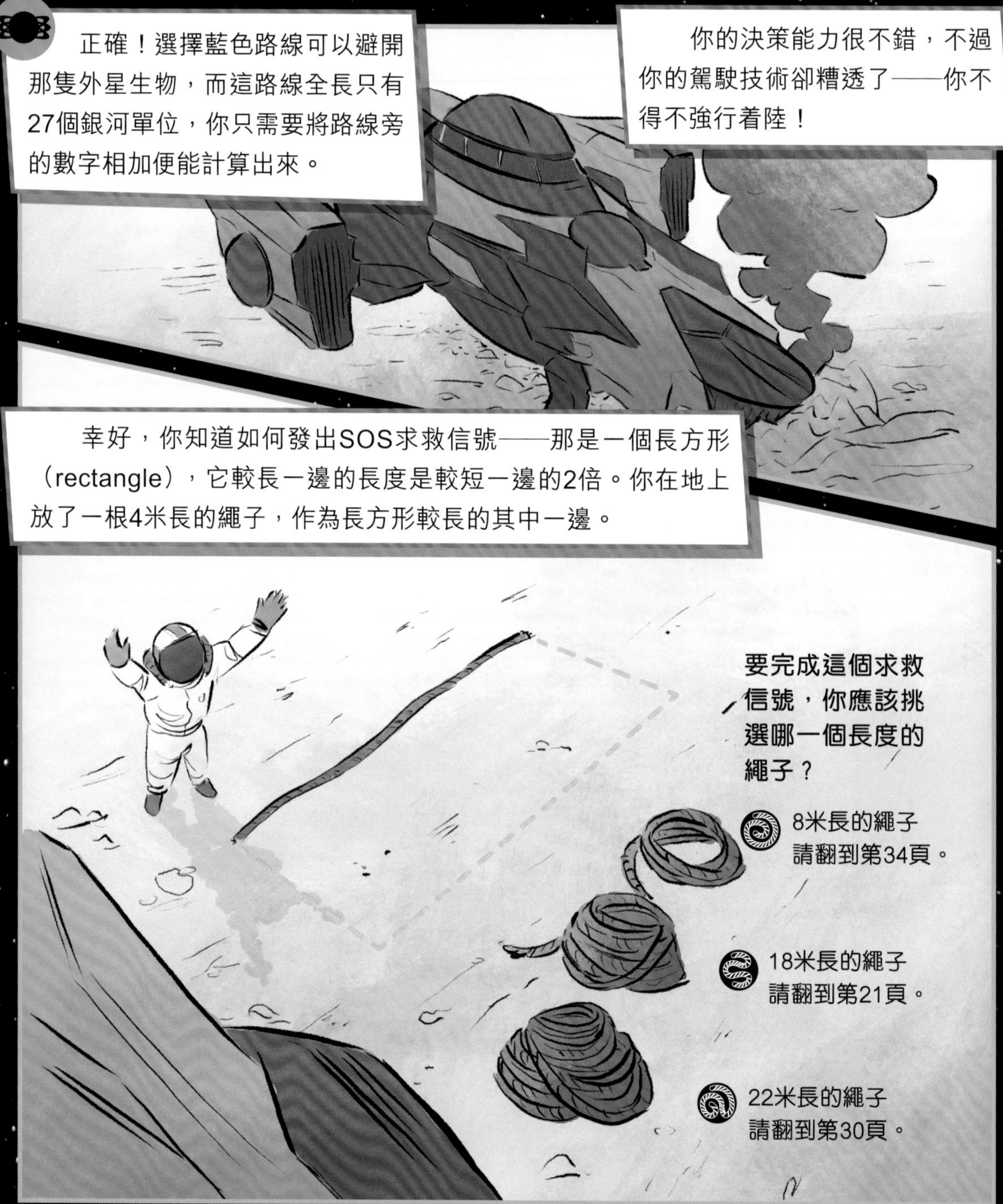

正確！選擇藍色路線可以避開那隻外星生物，而這路線全長只有27個銀河單位，你只需要將路線旁的數字相加便能計算出來。

你的決策能力很不錯，不過你的駕駛技術卻糟透了——你不得不強行着陸！

幸好，你知道如何發出SOS求救信號——那是一個長方形（rectangle），它較長一邊的長度是較短一邊的2倍。你在地上放了一根4米長的繩子，作為長方形較長的其中一邊。

要完成這個求救信號，你應該挑選哪一個長度的繩子？

8米長的繩子
請翻到第34頁。

18米長的繩子
請翻到第21頁。

22米長的繩子
請翻到第30頁。

A 你轉動這把鑰匙，但引擎仍然毫無動靜。雖然這把鑰匙的周界是12單位，但面積是7平方單位。為時未晚，快返回第19頁再試一次！

答錯了——水瓶太輕了，嘗試先將所有物件的重量單位轉化為星斤。請返回第30頁再試一次。

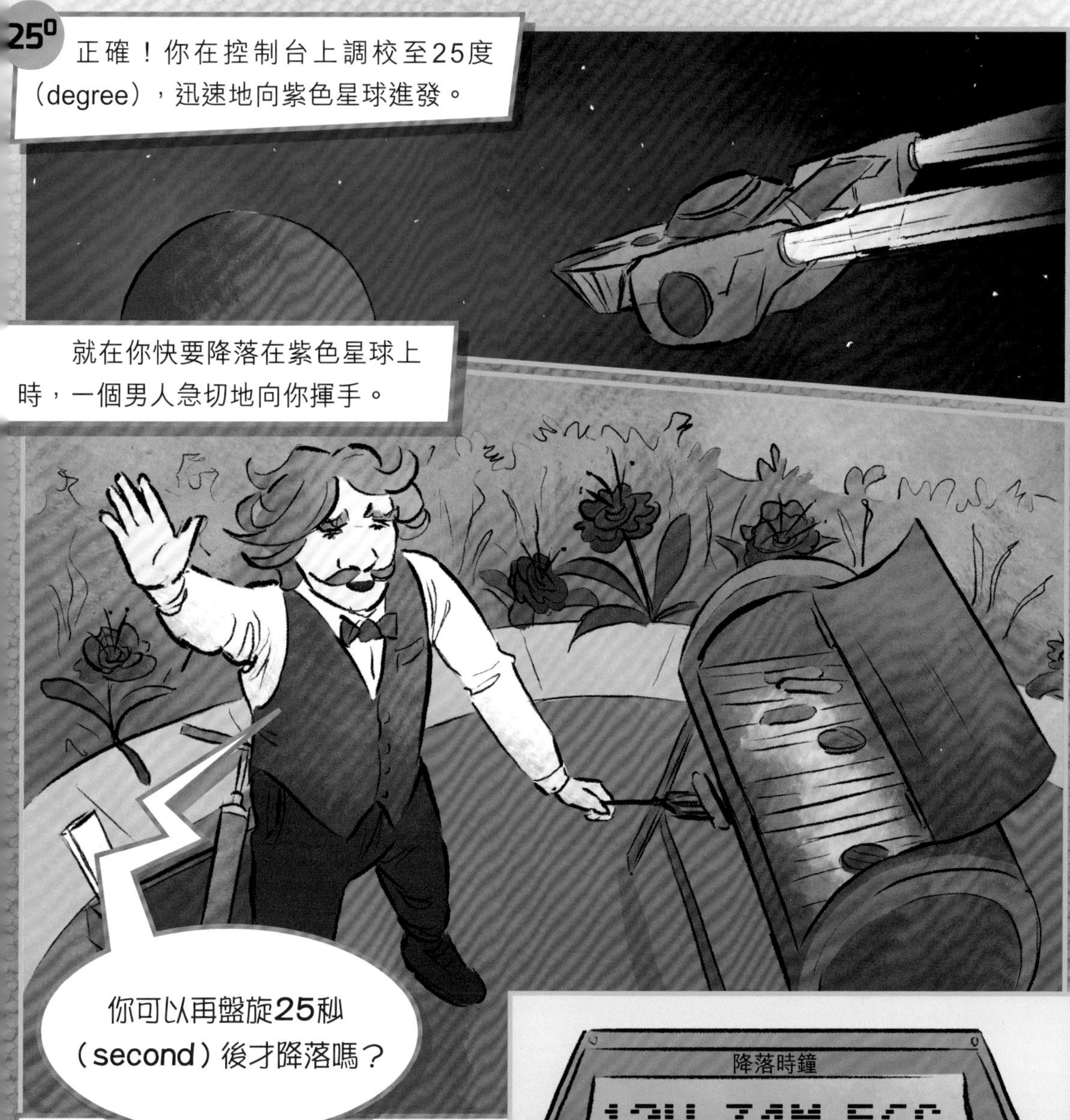

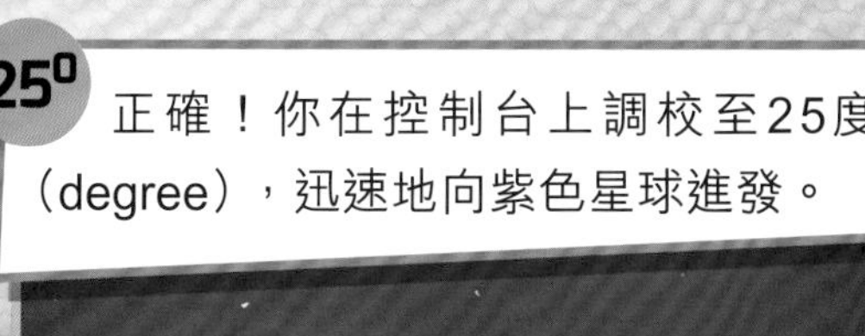

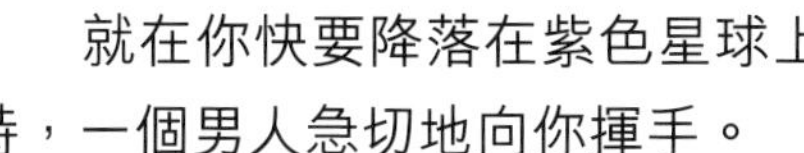

你可以再盤旋**25**秒（second）後才降落嗎？

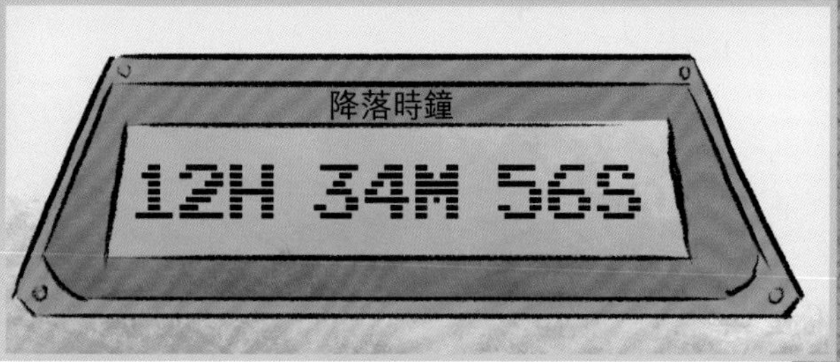

降落時鐘

12H 34M 56S

你的降落時鐘原本顯示為12時34分56秒，你應該設定在什麼時間降落？

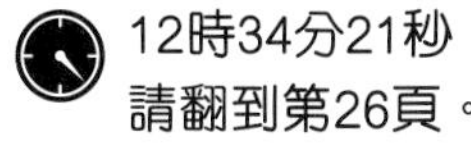

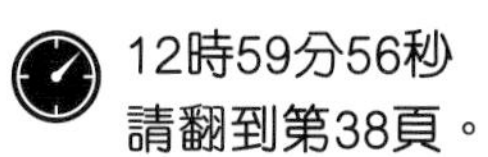

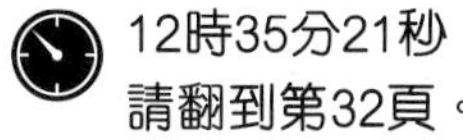

5

不對！放大鏡使樹木看似是原來大小的2倍，與你的距離縮短了一半，請返回第11頁再試一次。

0.3

錯了，0.3化為分數（fraction）時是$\frac{3}{10}$，你需要將1除（divide）以2。請返回第23頁重新挑戰。

D

　　沒錯，這把鑰匙合用！鑰匙的邊是12單位（周界），可分為6個正方形（square）（面積）。太空船的引擎發出低沉的嗚響，重新啟動了。

　　糟了！冷卻系統的警號忽然響起，控制台顯示你需要在冷卻系統中添加40公升（litre）的水，你要馬上趕到太空船的儲存區。

那裏有一些容量為5公升的水瓶。

水
5公升

你需要添加多少瓶的水？

6	8	7
6瓶 請翻到 第39頁。	8瓶 請翻到 第29頁。	7瓶 請翻到 第5頁。

　　答對了！立方米是體積（volume）單位而不是長度單位。油站老闆面露慍色，但他仍讓你使用馬力機。

你需要1,500瓦特才能發動太空船。

1　2　3

1馬力約相等於750瓦特

你需要將馬力機設定成多少馬力，才能發動你的太空船？

1	2	3
1馬力 請翻到 第41頁。	2馬力 請翻到 第22頁。	3馬力 請翻到 第33頁。

A

不對，這隻外星生物並不可信——牠的身高少於12隻腳掌的長度。在牠發現你之前，返回第6頁再試一次！

做得好！你先往南走2公里，再往東走3公里，終於抵達了森林。

當你想走近樹木時，兩個外星人在你面前走過，他們拿着巨型放大鏡，讓所有事物看起來是真實尺寸的2倍。

透過放大鏡看，這些樹看似在10米外，但它們與你真正的距離有多遠？

5米
請翻到第9頁。

20米
請翻到第42頁。

12

你的答案是什麼？

32.5呎	28.8呎	27呎
請翻到第26頁。	請翻到第39頁。	請翻到第18頁。

地球的圓周可不只有4,070公里。在教授轉身離開之前，請返回第32頁再試一次。

不對，要是你的飛行距離等於星系的直徑，你便會到達星系的另一端了。請返回第38頁再試一次。 0.5

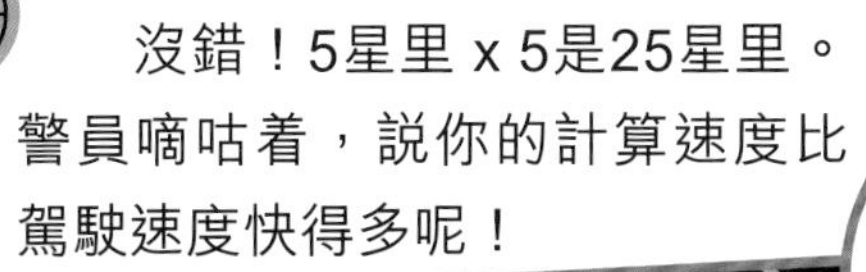

你的答案是什麼？

40 40星里 請翻到第21頁。

45 45星里 請翻到第43頁。

55 55星里 請翻到第33頁。

不對，圖書太輕了，因此那座橋仍是傾斜的。請你先將所有物件的重量單位轉化成星斤，再找出正確的答案。請返回第30頁。

1 不對，那棵樹有18個方塊，而18不是正方形數。請返回第42頁再試一次。

沒錯！要是你將下午12時46分加上5小時30分鐘（minute），便是下午6時16分。
教授對你的數學能力感到滿意，決定立刻給你那幅地圖和一根超高速彈跳桿。他提醒你，通往地球的傳送門只會在藍月出現時打開。
記得留意沿途的告示！

你從地圖上得知，在這星球的北極位置上，有一道由密碼管制的傳送門。你馬上由赤道開始往前彈跳，途中看見一個顯示距離北極還有多遠的告示牌——剩下的路程不多了！
距離北極尚餘
324英里
請翻到第30頁，快快前往北極。

做得好！你付錢後，把12公升燃油輸入到太空船，然後準備離開。

不幸的是，你的「新」太空船甚至比教授還要老，需要龐大的力量才能啟動引擎。

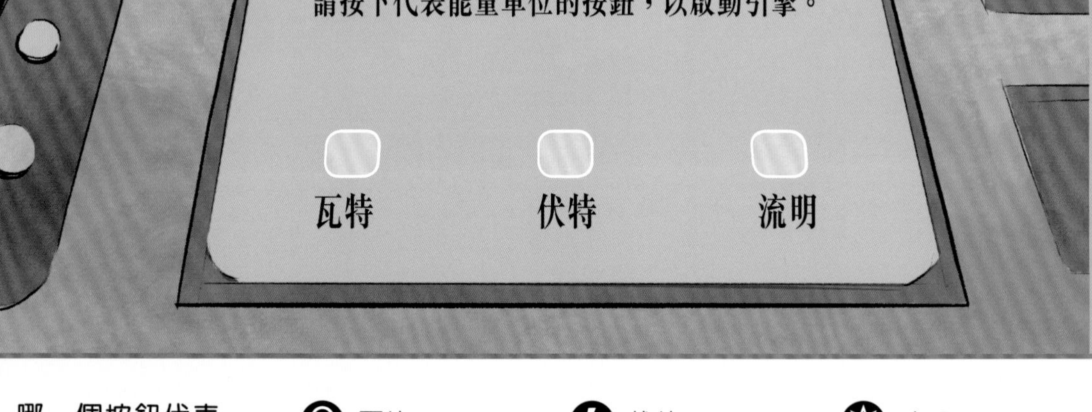

哪一個按鈕代表能量單位？

瓦特 請翻到第5頁。

伏特 請翻到第18頁。

流明 請翻到第37頁。

90°

不對，你向90度前進會往前直飛，遠離任何一個星球，並會被致命的黑洞吸進去！請返回第43頁，趕快再想一遍。45

密碼錯誤，傳送門仍舊緊閉。你沒有將告示牌上的數字正確地增加1倍，請返回第37頁重新挑戰。

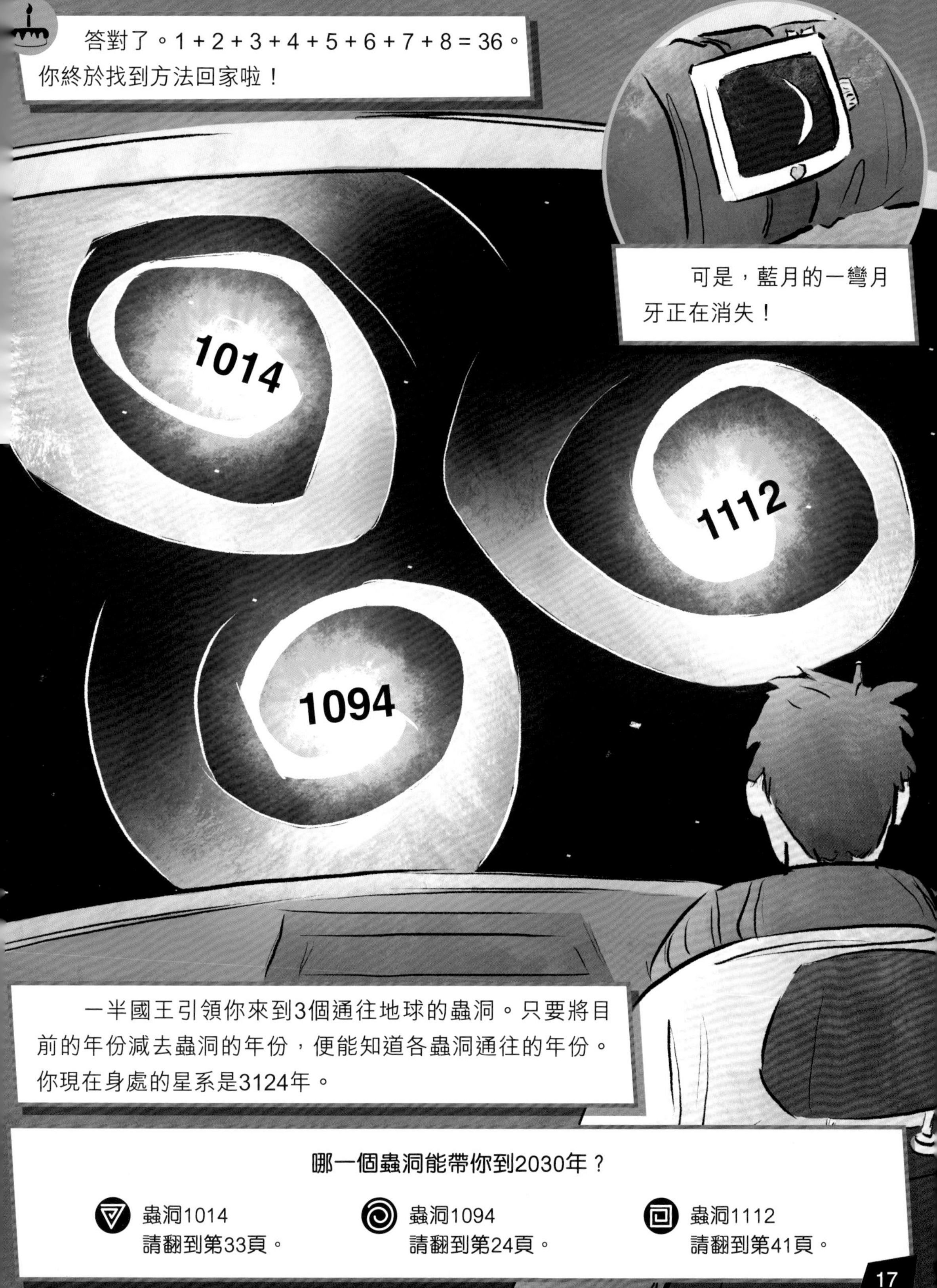

哪一個蟲洞能帶你到2030年？

蟲洞1014
請翻到第33頁。

蟲洞1094
請翻到第24頁。

蟲洞1112
請翻到第41頁。

沒錯，正確的答案是大約40,070公里。教授滿臉笑容，熱切地向你提問第二題。
亞馬遜河大約長多少公里？
唔，我知道地球上最長的河流是尼羅河，全長約6,650公里，那麼亞馬遜河有多長？
你的答案是什麼？
803公里 請翻到第30頁。
6,400公里 請翻到第36頁。
97,000公里 請翻到第20頁。
這是不錯的嘗試。如果你將3乘以9會得到27，但被乘數應該是3.2。請返回第12頁再試一次。12
你答錯了。伏特是電壓單位，而不是能量單位。請返回第16頁重新挑戰。12

你開始覺得頭暈眼花——一定是太空船內的氧氣快要耗盡了。控制台旁邊有一個玻璃箱，上面貼有「緊急時請打破箱子」的字句。如今肯定算是緊急情況！

玻璃箱裏有5把形狀不同的小鑰匙，你快速閱讀使用説明——要儘快選擇！

哪一把是正確的鑰匙？

A	B	C	D	E
鑰匙A	鑰匙B	鑰匙C	鑰匙D	鑰匙E
請翻到第8頁。	請翻到第37頁。	請翻到第23頁。	請翻到第10頁。	請翻到第42頁。

D

小心！這隻外星生物的高度並不等於12隻腳掌的長度。看來牠已經盯上你了，請返回第6頁再試一次。

不對，百萬米是一個非常大的長度單位，等於100萬米。請返回第5頁重新挑戰。

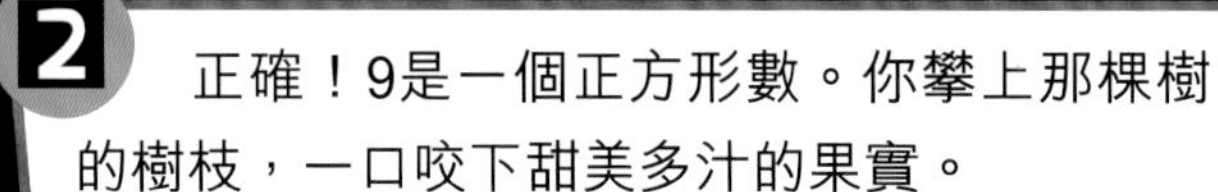

突然，你眼前的景象瞬間轉變——那棵樹變成了一艘太空船，而森林變成了一間星系際油站。你得救了！

你有6星系際元。燃油的售價一般是每公升1元，但今天油站推出半價優惠，真幸運啊！

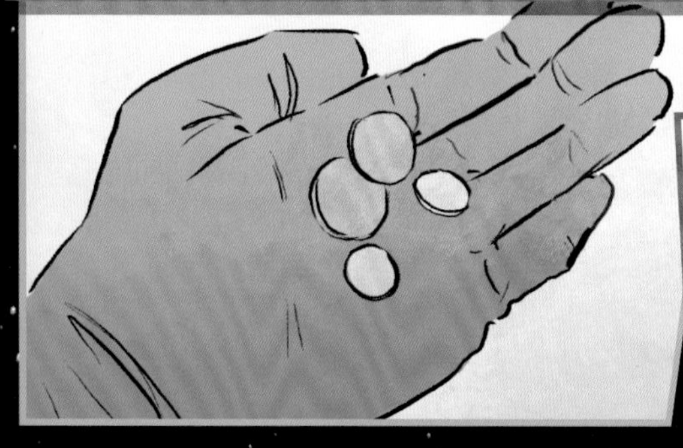

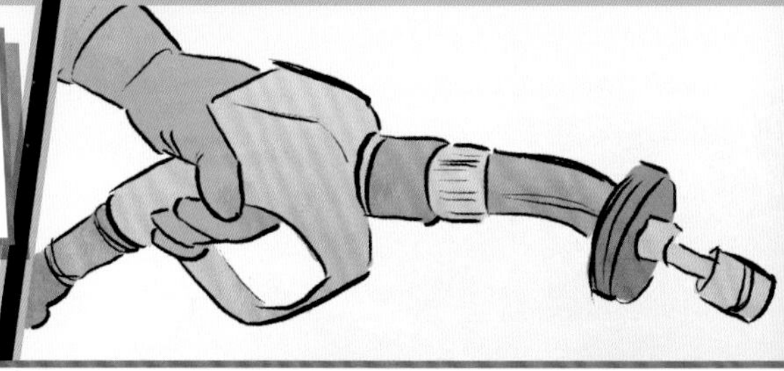

你能購買多少燃油？

3公升	9公升	12公升
請翻到第36頁。	請翻到第31頁。	請翻到第16頁。

每叮噹30星里等於5星里×6，這速度太快了。請返回第29頁再試一次。

97,000公里太長了，教授正疑惑地看着你。請返回第18頁找出正確的答案。

40

不正確！請利用「距離 = 速度 x 時間」的公式，以破解難題。請返回第13頁。

▲

再試一次吧！傳送門仍然緊閉着。請你返回第37頁，將告示牌上的數字增加1倍，輸入密碼。

錯了，18米的繩子無法幫助你離開這裏。請返回第8頁再試一遍。

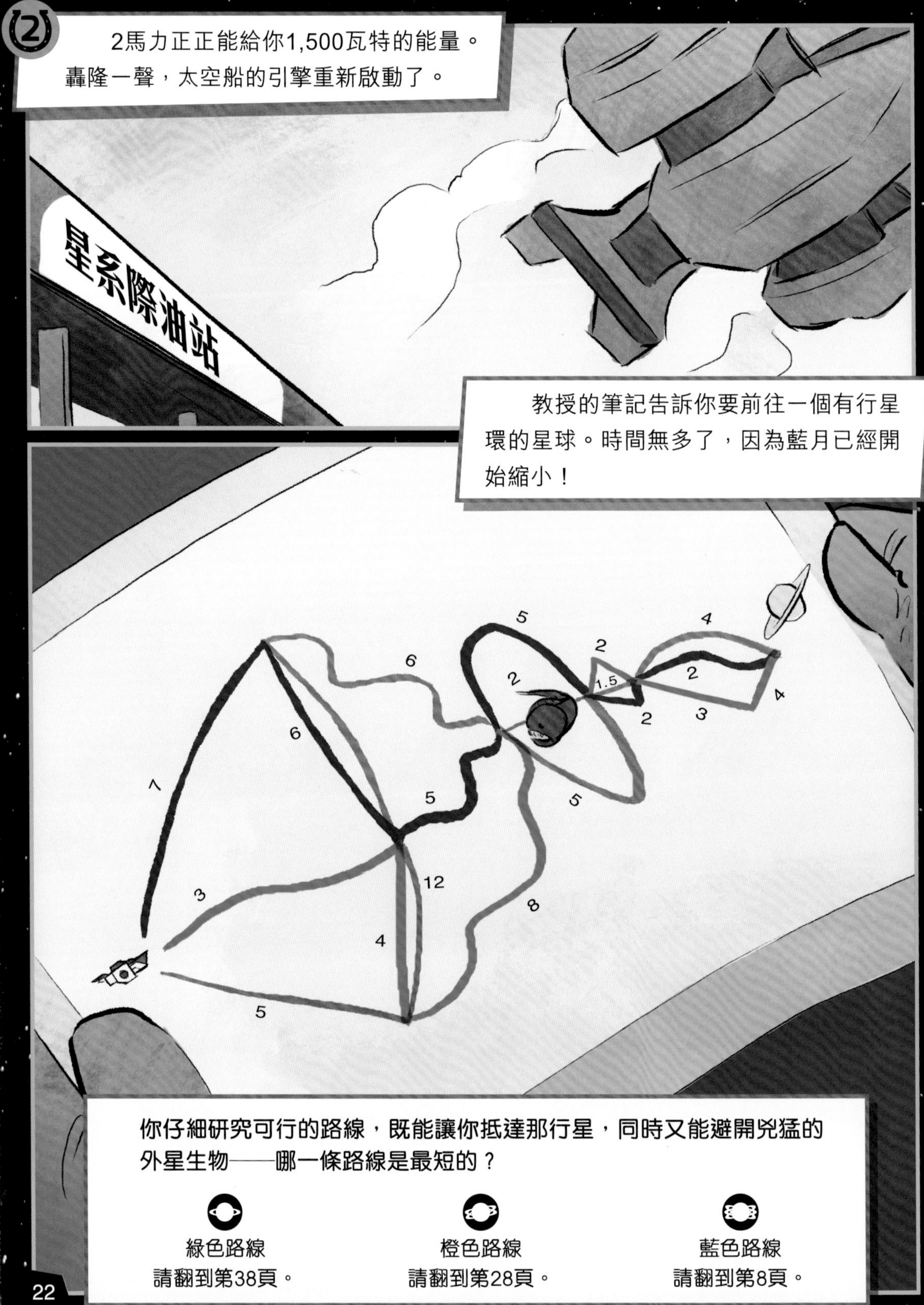
2馬力正正能給你1,500瓦特的能量。轟隆一聲，太空船的引擎重新啟動了。
星系際油站
教授的筆記告訴你要前往一個有行星環的星球。時間無多了，因為藍月已經開始縮小！
你仔細研究可行的路線，既能讓你抵達那行星，同時又能避開兇猛的外星生物——哪一條路線是最短的？
綠色路線
請翻到第38頁。
橙色路線
請翻到第28頁。
藍色路線
請翻到第8頁。

答對了。在每小時2公里的速度下，他們需要3小時才能抵達你所在的位置，而那時候你早已離開了。

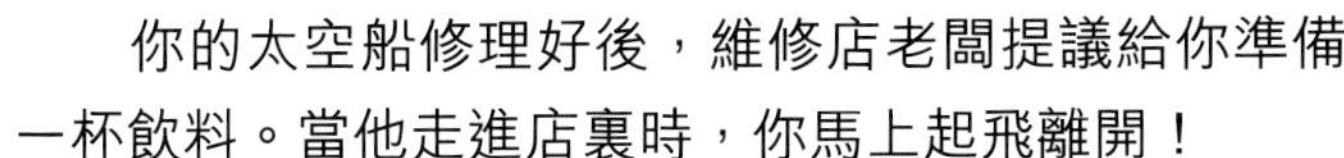

你的太空船修理好後，維修店老闆提議給你準備一杯飲料。當他走進店裏時，你馬上起飛離開！

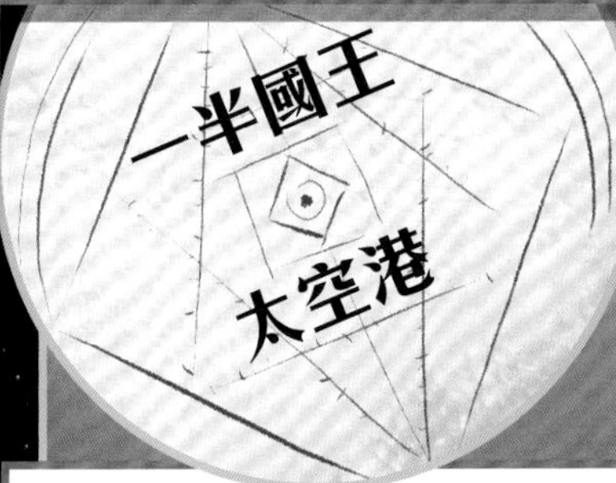

一半是無效數據，請以小數(decimal)形式重新輸入。

你仔細觀看地圖，發現了一個規模龐大的太空港。也許那裏的人能夠幫你找到返回地球的方法。

你在電腦化的定位系統裏輸入了「一半國王」，以找出前進方向。

「一半」化成小數是什麼？

0.3 0.3，請翻到第9頁。

1.5 1.5，請翻到第43頁。

0.5 0.5，請翻到第38頁。

C

你只能聽見你的呼吸聲，而且變得越來越急促。這把鑰匙並不能啟動引擎，因為它的面積只有4平方單位！請返回第19頁重新選擇。

10

不對，1吋約等於2.5厘米，而1呎約等於30厘米。你需要計算的是：30 ÷ 2.5 = ?。請返回第36頁再想一遍。

正確！蟲洞1094能帶你回到2030年，因為你準確地計算出3124 - 1094 = 2030。
你的無線電通訊器發出一陣刺耳的聲響，然後你聽見來自地球太空港的聲音——一定是伙伴們發現了你！
機長，我們以為你已經遇難了！你現在平安無事，真是謝天謝地啊。跑道已預備好，你可以降落了。

恭喜你，你砰的一聲再次降落地球！大批羣眾前來迎接你，他們揮動旗幟，大聲歡呼！你的長官讚揚你的機智，並給你一星期的休假。冒險圓滿結束！

不好了！地牢外布滿守衛，他們發現你逃走，於是將你帶到國王面前。

你解釋說，你認為國王也許知道返回地球的方法，才滿懷希望前來太空港。

好吧，如果你能回答我的謎題，我便指點你回家的路，否則你要成為我的小丑。

我有9條命，已失去了其中8條，每條命都比上一條命更長久。我的第一條命只維持了1年，然後是2年、3年、4年，如此類推。我的第9條命就在這天開始……你來猜一猜，現在我多少歲？

快，要在國王還未改變主意前回答出來！

36歲
請翻到第17頁。

45歲
請翻到第43頁。

54歲
請翻到第28頁。

如果時鐘顯示的是12時34分21秒，那麼你是回到過去了。請返回第9頁，設定正確的時間。

答錯了，你需要將3.2乘以9來找出正確答案。請返回第12頁。

不對，假如他們步行，2小時後便會到達——還有一個更慢的方法，請返回第34至35頁再試一次。

C

答對了！只要你小心量度，便會知道這隻外星生物大約有12隻腳掌高，牠肯定是友善的，因此你慢慢走近牠……

你好，教授叫我來這裏尋找通往森林傳送門的路線，我需要儘快到達那裏，你知道要怎樣走嗎？

我大概知道，但我所知的路線有點迂迴曲折。如果你能簡化我說的方向（direction），你便能馬上抵達森林！

這隻外星生物把路線告訴你：往北走5公里，往西走3公里，往南走7公里，往東走5公里，往南走1公里，往東走1.5公里，往北走1公里，往西走0.5公里。

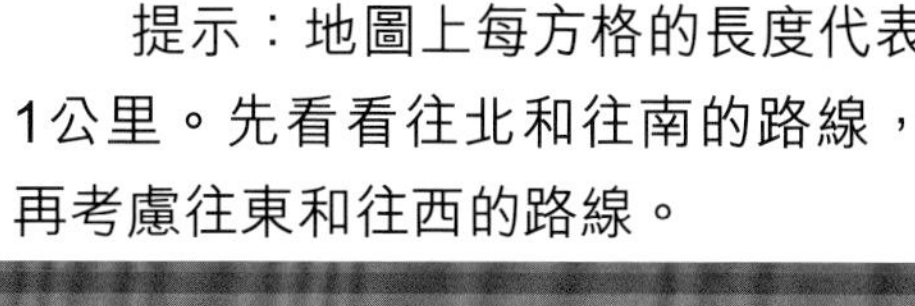

北
西
東
南
你在這裏

你應該怎樣走？

- 往南走6公里，往西走3公里。請翻到第33頁。
- 往南走2公里，往東走3公里。請翻到第11頁。
- 往北走5公里，往東走0.5公里。請翻到第41頁。

45°

如果你向45度前進，你會很接近目的地，但只能抵達綠色星球。請返回第43頁仔細觀察。45

33.3厘米太長了。最長的短木棒少於50厘米，最短的短木棒多於0厘米。請返回第40頁，利用這些資料計算出短木棒的平均長度吧。

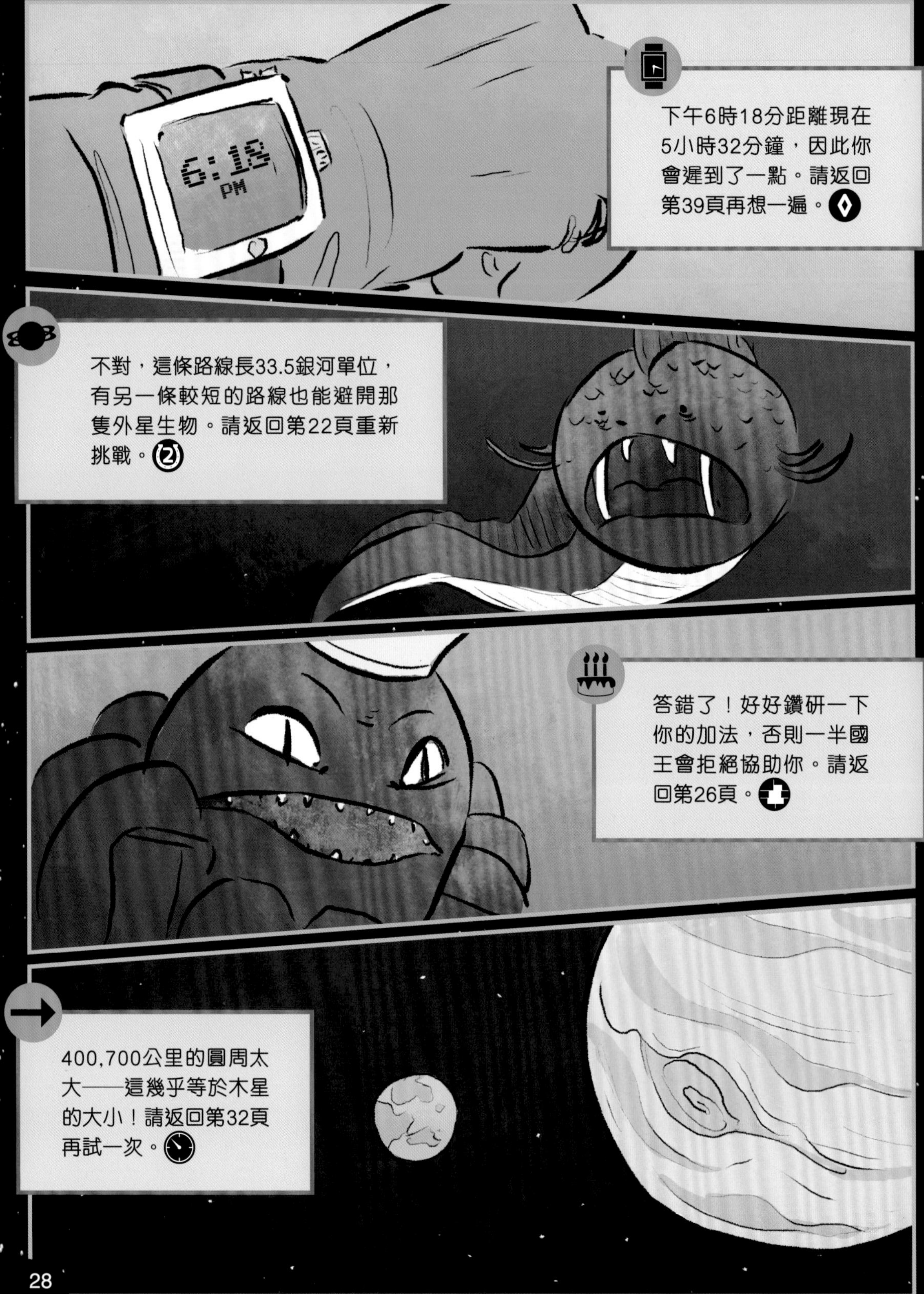
6:18
PM
下午6時18分距離現在5小時32分鐘，因此你會遲到了一點。請返回第39頁再想一遍。
不對，這條路線長33.5銀河單位，有另一條較短的路線也能避開那隻外星生物。請返回第22頁重新挑戰。
答錯了！好好鑽研一下你的加法，否則一半國王會拒絕協助你。請返回第26頁。
400,700公里的圓周太大——這幾乎等於木星的大小！請返回第32頁再試一次。

8

8瓶就是正確答案！（5公升 × 8 = 40公升）

你的太空船終於能夠正常運作了。就在你平穩地前進時，你看見前方有藍燈閃爍着，並聽見咚的一聲——有警察登上了你的太空船！

你好。你知道自己剛才用了1叮噹的時間飛行了5星里嗎？

對不起，警察先生。我不知道自己飛得那麼快。

快？你走得太慢，造成交通擠塞了。這裏的最低速度（speed）是你的飛行速度的5倍！你知道即是等於每叮噹多少星里嗎？

快找出答案——警察先生看來生氣極了！你會怎樣回答？

每叮噹20星里
請翻到第41頁。

每叮噹25星里
請翻到第13頁。

每叮噹30星里
請翻到第20頁。

在快要抵達傳送門時，一座橋在你面前出現。這座橋的兩邊懸掛着不同重量（weight）的砝碼來維持平衡，不過現在其中一個砝碼不見了。

你需要放上相應重量的物件，才能使橋維持平衡。橋上的砝碼是以星斤為重量單位，而你的背包裏的物件則是以公斤（kilogram）為重量單位。

提示：1星斤（zg）= 2公斤（kg）

哪一項物件能令橋維持平衡，好讓你能通過呢？

水瓶
請翻到第8頁。

磚頭
請翻到第37頁。

圖書
請翻到第13頁。

不對，803公里不夠長。另外，估算的數值並不精準，最後一個數字通常是0。請返回第18頁再試一次。

錯了，用22米長的繩子所製作出的符號會無人認識。請返回第8頁重新挑戰。

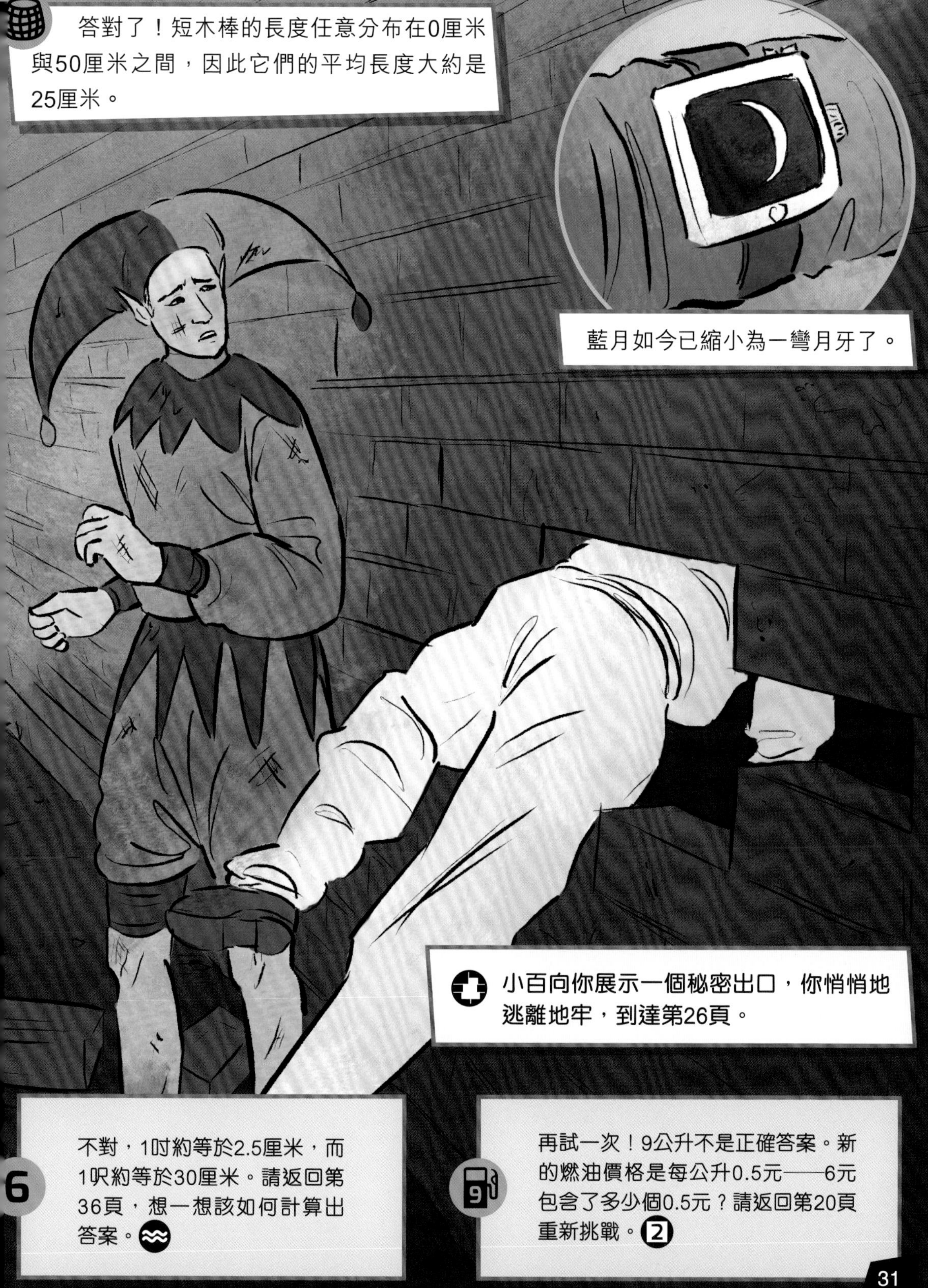
答對了！短木棒的長度任意分布在0厘米與50厘米之間，因此它們的平均長度大約是25厘米。
藍月如今已縮小為一彎月牙了。
小百向你展示一個秘密出口，你悄悄地逃離地牢，到達第26頁。
6
不對，1吋約等於2.5厘米，而1呎約等於30厘米。請返回第36頁，想一想該如何計算出答案。
9
再試一次！9公升不是正確答案。新的燃油價格是每公升0.5元——6元包含了多少個0.5元？請返回第20頁重新挑戰。2

做得好！你將降落時鐘調整至12時35分21秒，太空船平穩着陸。
謝謝你——你幫我超快速地烤熟了香腸呢！我是伊川頓—史密夫教授，最喜歡數學謎題！我來自地球，你大概沒聽過這地方吧。
太好了！你向教授說明發生了什麼事情，並問他能否幫助你找出回家的路。
第一題：按公里計算，地球的圓周（circumference）有多長？
教授願意幫助你——但你必須證明自己是來自地球。他向你挑戰，提出3條只有真正的地球人才能準確回答的數學謎題。

你會怎樣回答？
4,070公里
請翻到第12頁。
40,070公里
請翻到第18頁。
400,700公里
請翻到第28頁。

不對，3124 - 1014將會帶你到2110年。請返回第17頁再試一次。

55

55星里太遠了！試運用「距離 = 速度 x 時間」的公式。請返回第13頁找出答案。

3

噢，不好了！供應的馬力太大，可能會令你的太空船永久受損。請返回第10頁下方再試一次。

哎呀，你依循往南走6公里、往西走3公里的路線後迷路了。你要先看看往北與往南的路線，再看看往東與往西的路線。請返回第27頁再試一次。

正確，利用8米長的繩子，你能造出一條4米的長邊和兩條2米的短邊。
沒多久，一艘拖船從附近的彗星駛至，將你帶到一間維修店。
人類最強
我們愛人類
我們愛人類
我們愛人類
維修店老闆告訴你，他是「我們愛人類」俱樂部的成員，而俱樂部的其他成員正趕來，想在你的太空船旁邊自拍。你沒時間應付他們——藍月正變得越來越小了。

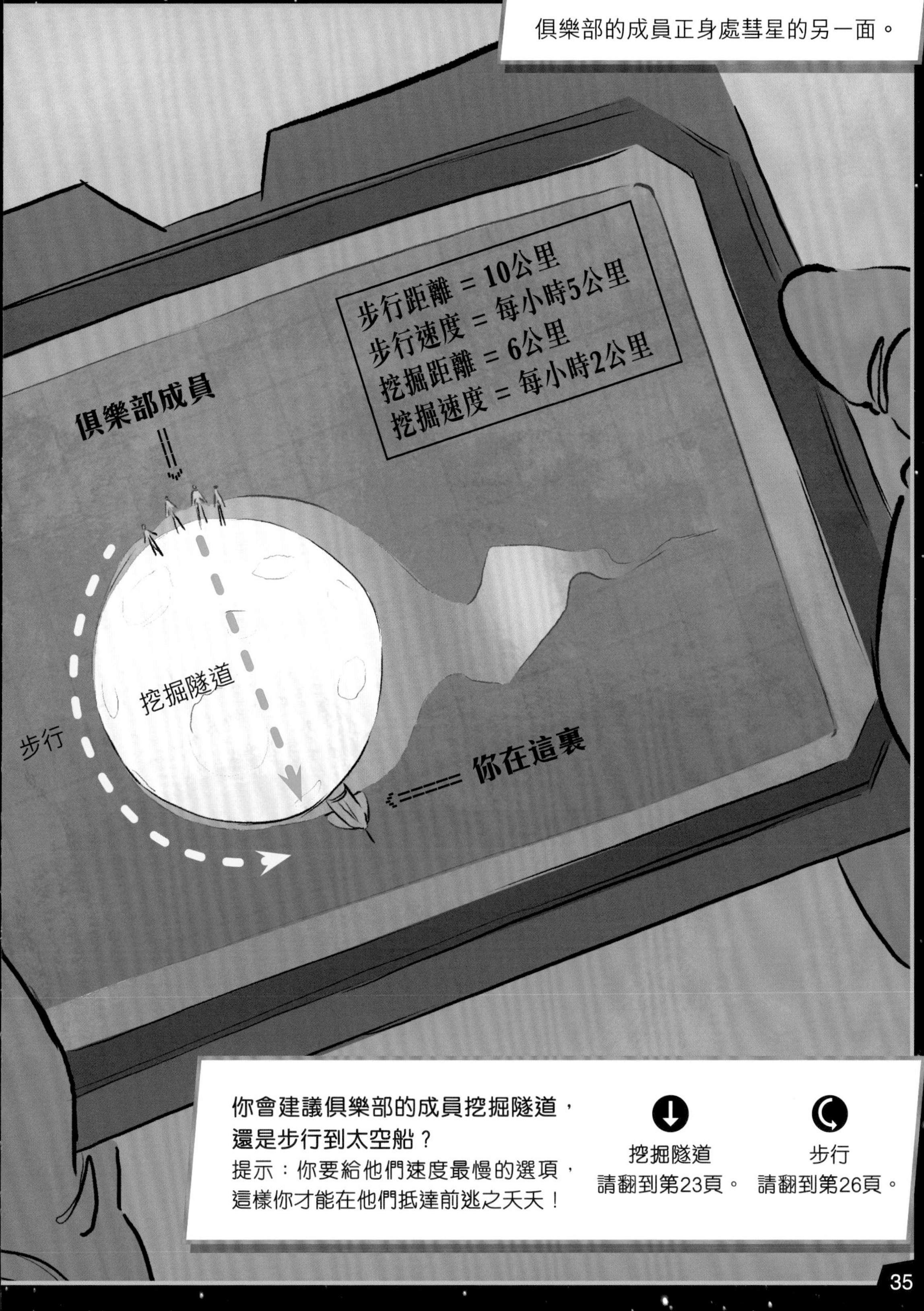
俱樂部的成員正身處彗星的另一面。
步行距離 = 10公里
步行速度 = 每小時5公里
挖掘距離 = 6公里
挖掘速度 = 每小時2公里
俱樂部成員
挖掘隧道
步行
你在這裏
你會建議俱樂部的成員挖掘隧道，
還是步行到太空船？
提示：你要給他們速度最慢的選項，
這樣你才能在他們抵達前逃之夭夭！
挖掘隧道
請翻到第23頁。
步行
請翻到第26頁。

不對！那棵樹上有27個方塊，而27不是正方形數。請返回第42頁再試一次。

燃油的優惠價格是每公升0.5元，你的錢足夠購買多於3公升。請返回第20頁修正你的計算方法。

答對了！你用螺栓將橋固定後才過橋，否則當你踏上橋時，你的體重會擾亂了你之前所作的精心計算！

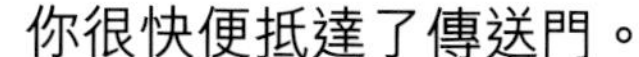

門上有一個迷你鍵盤，附有密碼提示。

請輸入密碼

將路上經過的告示牌（第14頁）所顯示的距離增加1倍。

1 2 3
4 5 6
7 8 9
0

怪不得教授告訴你要留意告示牌，你會輸入哪一個數字呢？

648
請翻到第6頁。

668
請翻到第16頁。

712
請翻到第21頁。

B

這把鑰匙的面積只有5平方單位。還有機會的，快返回第19頁重新挑選鑰匙！

再試一次！流明是光度單位，不是能量單位。請返回第16頁。

0.5

正確！一半化作小數是0.5。你輸入了這個數，屏幕上便出現一幅地圖，指示你前往這星系的中心。

你現在身處星系的外圍。星系的形狀像圓形，而它的直徑（diameter）是224星年。

一半國王太空港

你在這裏

你需要飛過多少星年才能抵達星系的中心呢？

112星年
請翻到第21頁。

224星年
請翻到第12頁。

如果你在12時59分56秒降落，你便延遲了25分鐘，而不是25秒。要是你不想太空船的能源耗盡，請返回第9頁再試一次。25⁰

B

不對，這隻外星生物的高度少於12隻腳掌的長度！離牠遠一點，返回第6頁重新挑戰。

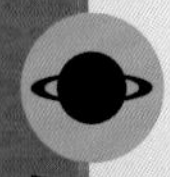

答錯了——這條路線會令你正面面對一頭飢腸轆轆的肉食外星生物。嗚呀！在牠走近你之前，馬上返回第22頁再試一次。②

28.8呎是正確答案！
（3.2 x 9 = 28.8）
做得好！我會在下一年（year）給你這幅地圖。哈！不用失望——這顆星球只需要相等於地球5 $\frac{1}{2}$ 小時的時間，便能環繞它的恆星一周。
環繞一周：5小時30分鐘
12:46
PM
你的手錶顯示現在是下午12時46分。你與教授應在什麼時間會合？
下午5時16分
請翻到第5頁。
下午6時16分
請翻到第14頁。
下午6時18分
請翻到第28頁。
6瓶水合共是30公升——這並不足夠！在太空船過熱前，請返回第10頁再試一次。D
6
不對，鏈是英制（imperial system）的長度單位，一般用於量度板球場。請返回第5頁重新挑戰。

在地牢裏，你看見一個穿着滑稽戲服的男人。他名叫小百，曾經是國王的小丑，卻因為無法取悅國王而被關在這裏。

我寧可留在這裏，也不要去娛樂那個笨蛋。我其實知道一個逃走的辦法……一半國王設置了一個秘密出口，以防有一天他會被丟進自己所設計的地牢裏！

我們來玩個遊戲吧。如果你贏了，我便告訴你出口在哪裏；如果你輸了，你便要永遠留在這裏！

長木棒

短木棒

小百解釋，為了打發時間，他會把木棒雕刻成米尺（100厘米長），並隨意將它們折成兩半，然後把木棒分別丟進兩個籃子裏——一個寫上長木棒，另一個寫上短木棒。

你認為短木棒的平均長度可能是多少？

你會怎樣回答呢？

25.0厘米
請翻到第31頁。

33.3厘米。
請翻到第27頁。

35.0厘米。
請翻到第42頁。

答錯了，3124 - 1112會讓你抵達2012年，回到過去了。請返回第17頁選出正確的蟲洞。
能量不夠——1馬力只等同750瓦特的能量。請返回第10頁下方再試一次。
1馬力 = 750瓦特
不對，每叮噹20星里等於5星里 x 4，這速度實在太慢了。請返回第29頁，好好運用你的乘法技能，以找出正確答案。
危險！
野生樹林
錯了，往北走5公里、往東走0.5公里並不是正確的路線，你最終會走進野生樹林。趕快回到第27頁重新挑戰。
41

20

沒錯！這些樹木位於20米外。你細看教授的地圖上所標記的下一項指示。

根據指示，你要數一數每棵樹上的方塊數量，找出有正方形數（square number）的樹木，然後從樹頂採摘果實。

提示：正方形數是將一個數乘（multiply）以自己後所得出的數，例如2 x 2 = 4和3 x 3 = 9 等。

你會攀上哪一棵樹？

1 樹木1 請翻到第13頁。

2 樹木2 請翻到第20頁。

3 樹木3 請翻到第36頁。

E

你轉動這把鑰匙，但是引擎仍然毫無動靜。記得要數一數鑰匙由多少個正方形組成，以得出正確的面積——這把鑰匙的面積是7平方單位。請返回第19頁再次挑選。

35.0厘米太長了。最長的短木棒少於50厘米，最短的短木棒多於0厘米。請返回第40頁再想一遍。

45 完全正確！距離（distance）= 速度 x 時間（time），而5 x 9 = 45。

你也不算太差勁。你要往哪裏去？

我正在找返回地球的路，你能幫忙嗎？

我幫不上忙，不過今天早上我遇見了一個來自地球的男人，他就在那個紫色的星球上，也許他能幫助你。

電腦定位系統

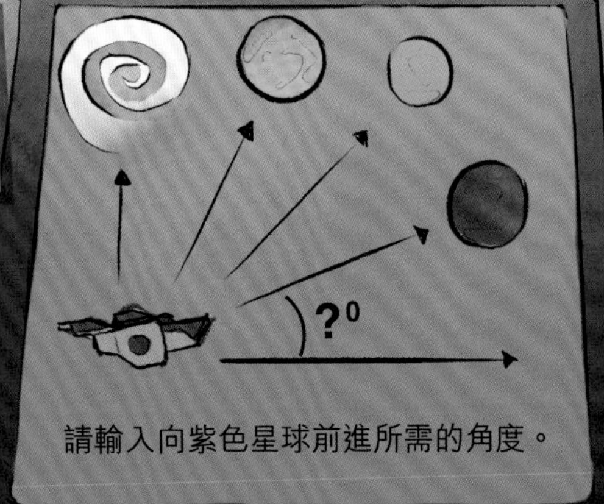

警察指向你的電腦定位系統。你只剩下少量能源，因此你需要選出直接前往那星球的路線。

你要在系統裏輸入哪個角度（angle）？

25° 25度
請翻到第9頁。

45° 45度
請翻到第27頁。

90° 90度
請翻到第16頁。

1.5 不對，如果1.5是正確答案，港口的名字就會變成一又二分一國王太空港了。請返回第23頁再試一次。

雖然1 + 2 + 3 + 4 + 5 + 6 + 7 + 8 + 9 = 45，但一半國王的第九條命才剛開始，因此你只需要將他首八條命的長度加起來。請返回第26頁重新挑戰。

詞彙表

角（angle）
由兩條在頂點相接的直線所形成的角，角的大小以「度」為量度單位，例如直角的角度是90度。

面積（area）
指一個圖形所覆蓋的空間大小。面積以平方厘米（cm^2）、平方米（m^2）和平方公里（km^2）等作為量度單位。

基本單位（base unit）
事物的初始量度標準。

鏈（chain）
英制長度單位，1鏈等於22碼（或約20米）。鏈一般用於量度板球場的大小。

圓周（circumference）
即圓形外圍的周界。

立方米（cubic metre / m^3）
量度容量或體積的單位，可將它想像成一個每邊長度都是1米的立方體。

小數（decimal）
一種不是整數的數，在小數點後仍有一個或以上的數位，稱為十分位、百分位，如此類推。一半或$\frac{1}{2}$化為小數等於0.5。

度（°）（degree）
量度角的單位，完整轉一圈（圓形）等於360度，轉四分之一圈（直角）等於90度。度的單位是「°」。

直徑（diameter）
由圓形的一邊通過圓心而伸展至圓形另一邊的直線距離。

方向（direction）
指示事物或人移動、面向的位置。

距離（distance）
兩個地方或物體之間的空間大小。

除（÷）（divide）
運算時，除號告訴你要將第1個數用第2個數相除，以找出答案，例如8 ÷ 4 = 2。

呎（foot）
英制長度單位，1呎等於12吋，或大約等於30厘米。

分數（fraction）
整數的一部分，例如$\frac{1}{2}$、$\frac{3}{4}$等。

英制（imperial system）
主要用於英國、美國及其他國家的一種計量單位系統，使用的單位包括呎、吋、英里、安士與磅。

吋（inch）
英制長度單位，1吋約等於2.5厘米，12吋相等於1呎。

公斤（kilogram / kg）
重量單位，1公斤等於1,000克。

公升（litre / l）
容量單位，1公升等於1,000毫升。

米（metre / m）
長度單位，1米等於100厘米。

分鐘（minute）
量度時間的單位，1分鐘等於60秒。

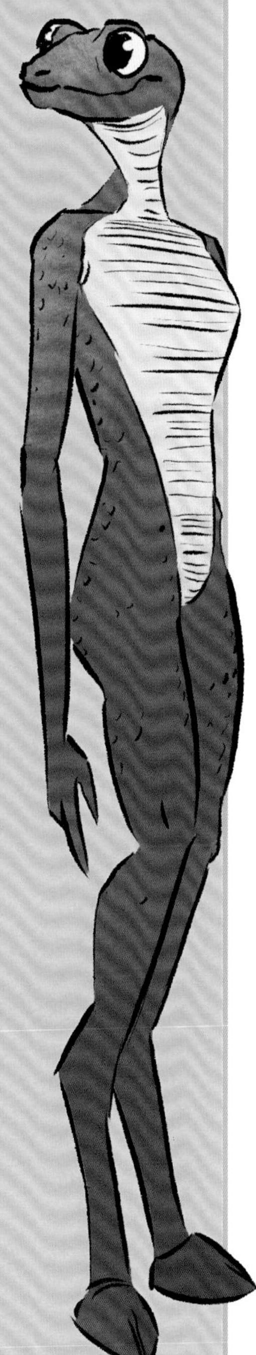

乘（x）(multiply)

運算時，乘號告訴你要將數相乘，以找出答案，例如 9 x 7 = 63。

周界（perimeter）

指一個平面圖形的邊界長度。

半徑（radius）

由圓心伸展至圓形周界的直線距離。

長方形（rectangle）

一種幾何形狀，有4條直邊，其中兩邊較另外兩邊長，而它的4隻角都呈90度。

秒（second / s）

時間的基本單位，60秒等於1分鐘。

速度（speed）

事物移動得有多快的量度，公式為：速度 = 距離 ÷ 時間。速度的量度單位可以是公里每小時（km/hr）、英里每小時（mi/hr）、米每秒（m/s）等。

正方形（square）

4個角都是直角的四邊形，所有邊的長度都相同。

正方形數（square number）

如果你將任何數與自己相乘，你會得到一個正方形數，例如5 x 5 = 25，因此25是一個正方形數。如果你把數量等於正方形數的圓點排列起來，可以組成一個正方形。

時間（time）

由過去到現在再到未來的進展，以秒、分鐘、小時、日、年等為量度單位。

體積（volume）

立體物件所佔據的空間稱為體積，體積單位包括立方米（m^3）和立方厘米（cm^3）等。

重量（weight）

物體有多重的量度。

年（year）

時間單位，以行星環繞恆星運行1周所需的時間為1年。地球的1年大約等於365日。

給家長的話

《數學闖關遊戲》系列旨在透過引人入勝的冒險故事，鼓勵孩子發展及運用他們的數學能力。故事內容以遊戲方式呈現，孩子必須解決一系列的數學難題，才能向着精彩的結局進發。

《數學闖關遊戲》系列並不依循傳統閱讀的常規，孩子要按書中指示，根據問題的答案前後翻揭圖書。如答案正確，孩子便可進入故事的下一部分；如答案錯誤，孩子便要返回上一步，再次嘗試解題。書後附有詞彙表，讓孩子能更理解相關的數學詞彙。

協助孩子發展數學潛能小貼士

- 與孩子一起閱讀本書。
- 家長先解答書中首部分的問題，讓孩子了解如何閱讀本書。
- 陪伴孩子閱讀，直至他能自信地運用本書，可跟從指示找出下一個謎題或答案提示。
- 鼓勵孩子接下來自行閱讀，家長可問孩子：「書中現在發生什麼事？」讓孩子告訴你故事的發展，以及他們解決了什麼問題。
- 在日常生活中發掘活用量度的機會：找出不同物件的長度，估計到達某個地方需要走多少步，用水盛滿不同大小的容器等。
- 用量度玩遊戲：猜一猜不同物件的重量，然後用廚房磅等工具逐一秤重；又可給孩子一把直尺，請他們量度家中一些物件的長度。
- 請孩子利用有鐘面的時鐘和電子時鐘來報時，也可以在時鐘顯示的時間上額外加上特定時間，令題目更具挑戰性。
- 最重要的是，讓數學變得有趣和好玩！